KB263217

옛 건축을 전통을
자연에 담다

하 랑
도서출판

옛 건축을 전통을 자연에 담다

발행일 : 2025년 08월 08일
출판사 : 하랑출판
주   소 : 서울시 중구 퇴계로28길 8
전   화 : 02-2263-3337

목 차

민 가

궁집(18세기)
경기도 미금시 평내동
중요민속자료 제130호
Kung House, 18C
Important Folklore Material No.130

　이 주택 이름의 기원은 옹주의 시댁이라는 사실로
인해 궁집으로 불려졌다고 한다. 건립 연대는 대략 18
세기 말에 지어진 것으로 보인다. 전체적인 집의 구성
은 사랑채와 안채로 이루어져 있으며 안채는 정확히
ㅁ자형으로 구성되었다. 원래는 지금의 규모 이상으로
집이 컸다고 하는데 안채의 왼편으로 일련의 건물군과
안채 뒤쪽으로 일련의 건물군이 있었다고 한다. 이로
서 평면은 ㅁ자형에 사랑채를 합해 ㄹ자형으로 이루어
져 있다. 대문을 들어서면 곧바로 안채로 향하게 되며
안채의 중정마당을 중심으로 대청과 방들로 이루어져
있다. 집의 위치는 북한강변에 있으며 풍수지리적으로
볼 때 안산과 배산이 집을 감싸 돌고 있어 좋은 형국이
라한다. 안산에는 옹주의 묘가 있으며 누마루에서 이
를 조망할 수 있게 해놓았다. 주택의 안방과 사랑 부분
을 1고주 5량으로 하였으며 보칸을 2칸으로 했고 기타
안채 부분과 중문칸은 3량으로 하였다. 사랑채와 안대
청의 샛문과 전면문은 모두 분합문으로 되어있으며
사랑채에는 툇마루 앞에 분합문을 달아 공간을 구획짓
고 있어 특이하다.

사랑채 누마루 상세
Details of pavilion in Men's Area

안채 뒷면 전경
The rear view of Women's Area

지붕면 상세
Details of roof

안채 부분 일곽
The partial view of Women's Area

김영구 가옥(1860)

경기도 여주군 대신면 보룡리
중요민속자료 제126호
Kimyeongku House, 1860 A.D

Important Folklore Material No.126

　대략 1860년대에 지어진 것으로 추정되는 이 주택
은 전통적인 조선 중기 이후 양반주택의 전형적인 모
습을 잘 보여주고 있다. 주택의 전체적인 구성은 평면
적으로 ㅁ자형을 하고 있으며 이 형태에서 다소 번어
난 듯이 보이는 작은사랑채가 주택의 오른편에 붙어있
다. 전체 구성은 사랑채와 안채, 작은 사랑채로 이루어
져 있으며 중정마당을 중심으로 구심적인 형태를 띄고
있다. 대문은 큰 사랑채 서쪽 끝에 위치하며 바로 안채
로 진입이 가능하고, 작은 사랑채에서도 안채로 들어올
수 있는 문을 두어 양 쪽으로 드나들 수 있게 했다. 안
채의 구성으로는 부엌, 안방, 대청이 일자로 배열되어
있으며　남쪽으로 건넌방과 아랫방, 곳간 등을 배열했
다. 대청 앞쪽으로는 분합문을 두었으며 계절의 변화
에 잘 대응되도록 시설하였다.

주택 후면(굴뚝) 전경
The view of rear area and chimney

안채 부근의 우물 전경
The view of well in Women's Area

사랑채 전경
The view of Men's Area

사랑채 누마루 상세
Details of pavilion in Men's Area

정용채 가옥

경기도 화성군 서신면 궁평리
중요민속자료 제124호
Cheongyongchae House
Important Folklore Material No.124

전체적인 건물구성은 안채와 사랑채로 구성되어 있으며 안채와 사랑채가 각각 연이어 붙어있어 안채마당을 가로지름으로 인해 日자 모양의 평면을 이루고 있다. 대문을 들어서면 바로 사랑채마당을 바라보며 마당 왼편으로 나있는 문을 통해 진입하면 안채마당으로 들어가게 된다. 안채와 사랑채를 옆으로 왼편에 헛간과 창고가 연이어 있는데 이 건물로 인해 각각의 공간이 ㅁ자형을 이루고 있다. 안채 중앙에 3칸의 대청이 있으며 안방 쪽에 툇마루를 설치하고 후원을 두었다. 사랑채의 규모는 4칸으로 一자형을 이루며 전후퇴집으로서 오른 쪽 2칸이 사랑대청이며 왼쪽 2칸은 구들로 이루어져있다. 전퇴는 모두 마루로 하였다. 사랑방 뒤로 나있는 문을 지나면 바로 안채로 연결되는데 은밀한 통로여서 흥미를 자아낸다. 대문은 솟을 대문이며 연대는 1887년의 것이다. 안채 남쪽으로 후원이 있으며 여기에는 우물이 있고 갖가지 수목으로 처리되어있다. 구조는 안대청 중앙이 5량이며 양측면은 1고주 5량이다. 대들보는 옆구리를 배부르게 하였고 배쪽의 장여면만이 항아리 모양을 하고 있다. 도리형태는 납도리이며 장여와 헛장방이 없는 오래된 방식을 사용하고 있다. 대공은 판대공으로 높고 대공이 받치는 상도리는 우진각 모양을 하고 있다. 사랑채도 1고주 5량이며 안채 구조와 유사하다.

사랑채 공간
Details of Men's Area

안채 일곽
The partial view of Women's Area

담장 상세
Details of wall

안채 대청 전경
The view of flooring and court yard in Women's Area

논산 윤증 고택
충남 논산군 노성면 교촌리
중요민속자료 190호
Yuncheung Old House in Nonsan
Important Folklore Material No. 190

사랑채 입구 현판
Tablet

사랑채
The view of Men's Area house

높은 기단으로 인하여 위풍당당한 모습

사랑채 대청마루
Inside of Men's Area house

건물의 모든 부재의 마감이 치밀하고 구조가 간결하며 보존상태도 양호하다.

안채의 덤병주초와 대비되는 사랑채의 다듬어진 주초

사랑채
Men's Area house

　5칸 사랑채는 좌측에 사랑대청, 우측에 누마루를 두
고 이들을 앞 툇마루로 연결하였다.

안채 뒷면의 장독
The view of rear yard in Women's Area

올망졸망한 모습의 장독

볕이 잘 들도록 높은 위치에 있다.

안채로 통하는 중문간
The middle gate to Women's Area house

안채는 튼 ㅁ자형이다.

안채전경
The view of Women's Area house and courtyard

　안채 전면은 8칸의 넓은 대청이 있고 좌우익에도 툇
마루를 돌려 기능적이고 비교적 넓은 마당에 친근감을
주는 모습이다.

안채 뒷마루와 기단
Details of Women's Area house

회반죽 마감한 막돌 허튼층 2단 쌓기를 한 기단위
에 화강암 덤병주초를 놓고 방주를 세웠다.

안채 좌익의 후정
The view of rear garden of Women's Area house

안채 좌익의 지붕과 안채지붕과의 결합
Details of roof

이삼장군 고택(1727)

충남 논산군 상월면 주곡리
충남 민속자료 제7호
Admiral Yisam's Old House, A.D.1727
Chungnam Folklore Material No.7

이 주택은 영조 3년인 1727년에 건립된 것으로 ―
자형의 사랑채와 ㄷ자형의 안채로 구성된 전형적인 고
택이다. 전체적인 평면 형식은 안채와 사랑채의 형태로
인해 ㅁ자형을 하고 있으며 안방을 중심으로한 일곽이
조밀하게 구성되어 있고 건넌방 쪽의 대청이 커다랗게
구성되어 있어 특색을 이룬다.

주택의 전경
The view of house

서산 김기현 가옥
Kimkiheon House in Seosan

대문간
The view of Entrance gate

마당 내부
The view of court yard

바닥에 시멘트 마감을 함

서산 상옥 최씨 가옥
Choi' s House in Seosan

자연을 극복하는 것이 아닌 자연과 더불어 거주했던
한국전통주거의 특성을 볼 수 있다.

굴뚝의 모습이 해학적이다.
The view of Chimney

안채 정면
The front side of Women's Area house

조응식 가옥(19세기 중반)

충남 홍성군 장곡면 산성리
중요민속자료 제198호
Choeungsik House, 19C
Impotant Folklore Material No.198

　19세기 중반의 건물로 전체적으로 단아하고 품격있
는 분위기가 특징이다. 정면의 솟을대문이 인상적이며
안채로 유도되는 길목의 일각대문이 특색있다. 사랑채
의 규모는 5칸으로 전후좌우 툇집으로 구성되어 있으
며 안채의 규모는 8칸의 ㄱ자형으로 곱은 형태를 취하
고 있다. 마당에 특별한 정원형식을 취하지 않은 전형
적인 중부형 주택으로 보인다.

이하복 가옥(19세기 말)
충남 서천군 기산면 신산리
지방문화재 197호
Yihapok House, 19C
Local Cultural Assets No.197

　주택의 구성상 윗채와 아래채로 나뉘어지며 각각이
평행하게 배치되어있다. 안채의 규모는 원래 정면 3칸
으로 19세기 말의 것으로 추정되며, 사랑채가 20세기
초에 지어지면서 안채가 증축되어 현재의 6칸 곧은자
집으로 구성되어있다.

대문에서 안채를 바라본 전경
Viewpoint from Entrance gate

◀ 김정희 고택(18세기)
충남 예산군 신암면 용궁리
충남 유형문화재 제43호
Kimcheonghi House, 18C
Chungnam Tangible Cultural Assets No.43

한서의 추사체로 유명한 김정희의 고택으로 김정희
선생의 증조부에 의해 건립된 것으로 전한다.
　주택의 전체배치의 특색으로는 사랑채가 동쪽에 위
치하며, 안채가 서쪽에 위치하고, 특이하게도 안채의
대청마루가 동향을 하고 있는 점이 다른 주택과 다르
다. 사랑채는 방위상 남향을 하고 있다. ㄱ자형의 사랑
채를 지나 안채로 들어서면 중정마당을 중심으로 ㅁ자
형의 안채가 구성되어 있으며 대청마루에 붙은 안방의
뒤편 퇴간이 특색을 이룬다. 사랑채는 일종의 별채의
성격을 지니며 각 방의 전면에는 툇마루가 있다. 주택
아랫쪽으로 오래된 연못이 있었다고 하나 1940년을
전후하여 매몰되었다고 한다. 안채의 지붕은 긴 홑처
마에 팔작지붕으로 되어있으며 기단의 높낮이가 다른
곳에서는 맞배지붕으로 처리하였다.

안채의 팔작지붕 디테일
Details of top ornanmentations

안채 입구에서 중정마당을 바라본 전경
The view of Women's Area from Entrance gate

중정마당에서 본 안채
Women's Area

안채 부엌
Kitchen and its details

창호
Door details

주택의 후원
The rear garden of house

◀주택의 담장
The wall details of house

정동호 가옥(19세기 초)

충남 예산군 고덕면 오추리

중요민속자료 제191호

Cheongtongho House, 19C

Importnt Folklore Material No.191

초가지붕이 이채로운 이 가옥은 19세기 초반의 것으로 추정되며 위치상 풍수지리의 명당이라고 한다. 중정마당을 사이에 두고 안채와 사랑채로 구성되어 있으며 안채의 규모는 5칸으로 전퇴집이고 특징은 지붕 전면 길이가 후면보다 훨씬 길고 앞 쪽 서까래가 거의 수평으로 놓였다는 점이다. 사랑채의 규모는 5칸으로 ㄱ자형으로 곱았으며 안채와 같이 대청마루가 없는 것이 특징이다. 굴뚝이 특색을 보이고 있는데 이는 속을 판통나무를 세우고 토담으로 보온한 것으로 산간 지대의 민가에서 혼히 사용된 기법이라고 한다.

지붕과 굴뚝의 상세
Roof and Chimney of house

마당에서 안채를 바라본 전경
The view from courtyard

대문에서 마당을 바라본 전경
The view from Entrance gate

보은 선병국 가옥
충북 보은군 외속리면 하계리
중요민속자료 134호
Seonpeongkuk House in Poeun
Important Folklore Material No. 134

안채 전경
The view of Women' s Area house
I자형 평면에 완전한 겹집으로 당당한 모습이다.

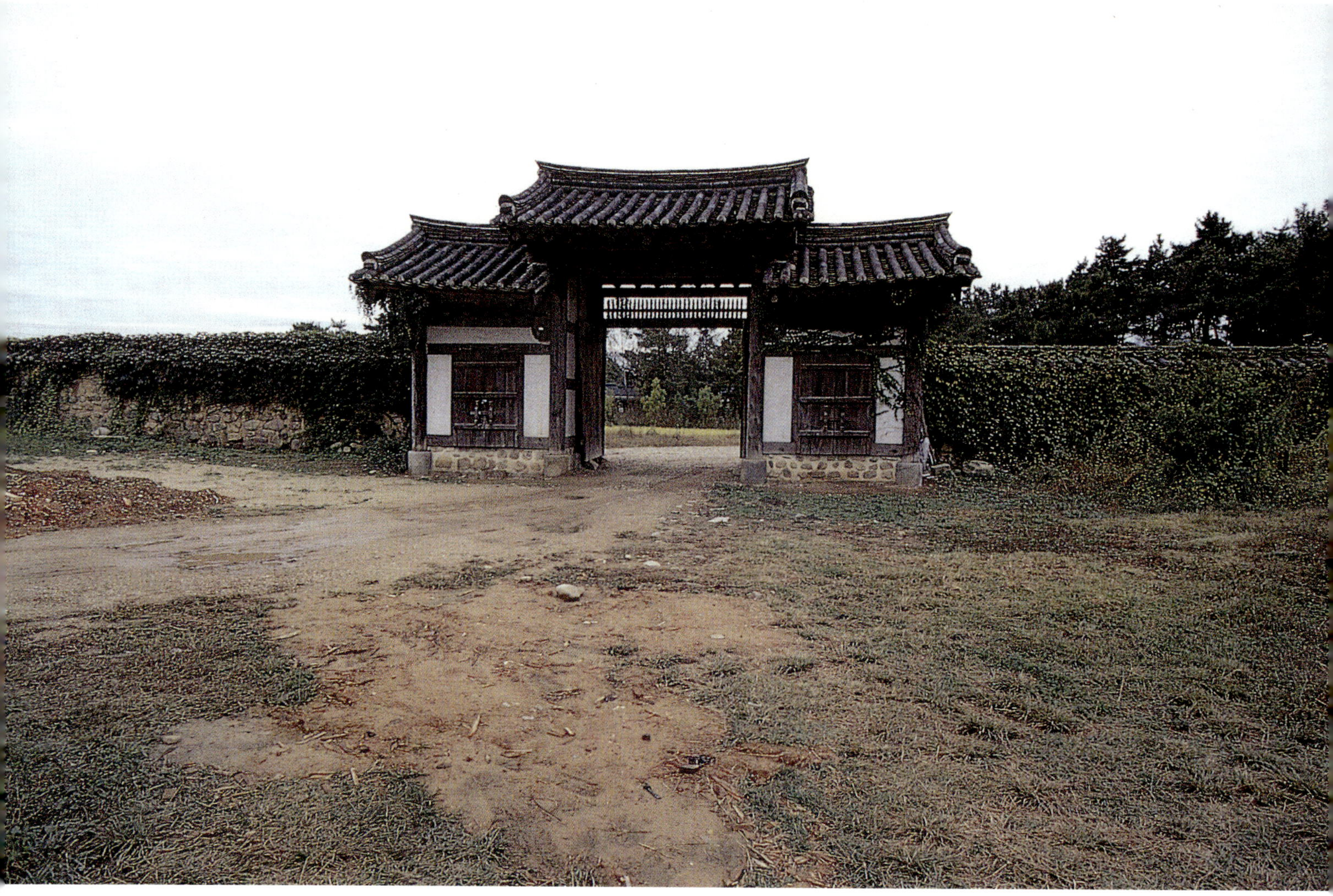

사랑 마당에서 본 대문간
The view of Entrance gate

위풍당당한 솟을 대문

안채와 행랑채 ◀
The view of Women' s Area and Men' s Area

안쪽 마당에서 바라본 중문 ▶
The courtyard gate

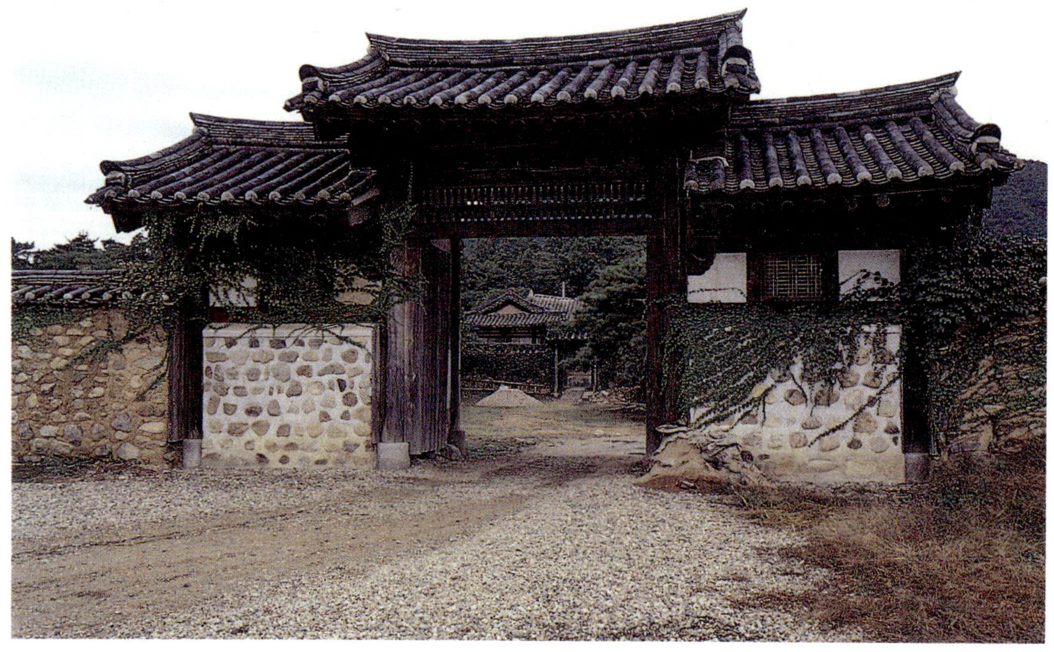

중문을 통해 바라본 안채 우측면
The right side view

안채 측면
The side view of Women's Area house

안채 정면
The front view of Women′s Area house

사랑채 문
Details of doors

행랑채 전경
The view of Worker's house

행랑채의 규모로 보아 당시의 부의 규모를 엿볼 수
있다.

중문간
The courtyard gate

대문
The view of Entrance gate

부엌쪽에서 바라본 안채
The view of Women′s Area house

중문간에서 안채를 바라 봄
The view of Women's Area from courtyard gate

중문이 중앙에 위치해 안채의 윤곽을 고르게 잡아주
고 있다.

김선조 가옥(17세기 말)
충북 영동군 양강면 괴목리
중요민속자료 제142호
Kimseoncho House, 17C
Important Folklore Material No. 142

　이 주택은 현존하는 건물로 안채와 별당채만이 있
고 사랑채는 기단부만을 남기고 있다. 17세기 말엽에
건립되었다고 하며 안사랑채를 제외한 현존하는 기타
건물, 즉 문간채와 곳간채는 모두 20세기에 와서 건립
된 것이다. 안채는 ㄷ자 형식을 하고 있으며 부엌, 안
방, 웃방, 대청이 일렬로 배열되어 있는 남부식 구성
방법으로서 특징은 대청 건너 모퉁이에 구들을 놓지
않고 마루를 깔아 찬방으로 쓰고있다는 점이다. 건넌
방쪽의 지붕은 합각으로 되어 있는 반면 부엌 쪽 지
붕은 박공으로 되어있어 이채롭고 전체적으로 단아하
면서 고풍스런 모습을 풍기고 있는 것이 특징이라 하
겠다. 안사랑채는 부엌, 안방, 웃방, 대청을 일렬로 배
치하는 전형적인 별당 형식의 건물로서 사대부 주택건
축의 전형적인 특징인 우아하고 격식있는 모습이 전체
적으로 돋보이는 건물이라 할 수 있다.

안채의 전경
The view of Women's Area

안채 측면과 구조적 상세
The side view of Women's Area and details

封室郡屯山

안채의 전경
The view of Women's Area

Mukcheongri Old House

Chungbuk Tangible Cultural Assets No.146

　일제시대 때(1932) 충북 용화면 월전리에 있던 집을 이건했다고 하는 이 주택은 특징 있는 세부 부재로 인해 주목을 받고 있다. 안채는 ㄱ자형으로 되어있으며 특징으로는 자연석 기단 위에 건물을 두었으며 누마루 전면에는 장초석을 두고 다른 부분에는 사각의 장초석을 놓은 점이다. 또한 구조적으로 볼 때 특이한 점은 네모기둥 위에 창방을 세우고 그 위에 소로받침을 4구씩을 배치한 것과 1고주 5량의 가구로 종보 위에 원형의 대공을 놓아 뜬 창방과 종도리의 이중도리를 받치고 있는 점이 눈길을 끈다. 종도리 장여에는 "壬申二月二十三日上樑"이라는 상량문이 있으며 지붕은 홑처마의 팔작지붕을 하고 있다. 이밖에도 안채 앞쪽으로 一자형의 부속채와 솟을 삼문형의 대문 등이 현존하고 있다.

Details of top ornarmentation

안채의 장초석과 루마루
Details of long foundation stone and rail floor

안채 상세
Details of Women's Area

담장 상세
Details of wall

김주태 가옥(1901)

충북 음성군 감곡면 영산리
중요민속자료 제141호
Kimchutae House, A.D.1901
Important Folklore Material No.141

안채의 평면형태가 특이한 이 주택은 사랑채가 1901년에 안채가 19세기 중엽에 지어진 것으로 건축적인 측면에서 매우 아름다운 건물로 보인다. 대문을 통해 진입하면 사랑채를 마주보게 되며 사랑채 왼쪽에 있는 문을 지나 안채쪽으로 들어가게 된다. 안채의 건물형태가 평면상 특이하게 배치되어있는데, 건물은 T자형의 평면을 이루고 있으며 가운데 부엌과 큰 방을 중심으로 대청을 양분하는 독특한 구조로 되어있다. 건물의 연대는 비교적 이르나 공간의 짜임새가 훌륭한 우수한 건물이다. 안채는 부엌, 안방, 웃방, 그리고 꺾어져서 2칸 대청, 건넌방을 두는 일반적인 곱은자 평면에 웃방 동쪽으로 툇마루, 뒷방을 배치하여 안채의 여성을 위한 공간이 별도로 마련되는 것이다. 이와반면 사랑채는 —자 평면으로 일반적인 구성을 이루고 있으며 기타 다른 주택에 비해 특이한 점은 별로 찾을 수없다.

안채 중정마당의 전경
The view of courtyard

사랑채의 툇마루
The flooring of Men's Area house

일각대문
The Gate to Women's Area

대이리 굴피집
강원도 삼척시 도계면 대이리
Taeiri Wooden Roof House

　강원도에 집중적으로 분포되어 있는 굴피집은 화전
민들이 지은것으로, 일반집과는 달리 기와지붕이 아니
라 얇은 나무껍질을 말려 그것을 기와대신 올려 지붕
을 구성하고 있는점이 크게 다르다. 일반적으로 굴피
의 크기는 대중이 없으며 바람이나 눈, 비에 날려갈
것을 대비해 목재로 틀을 만들어 덮어놓는다. 이 주택
에는 화전민들의 물레방아, 통방아, 채독(눈위에서 신
는 신발), 주루막(사냥용 창), 화리(진흙으로 만든 것
으로 화루 불씨를 보관하는 곳) 등과 같은 민속 유물들
이 주변에 산재하여 있다.

굴피집 전경
The view of house

굴피 지붕과 주택전경
The view of Roof and surrounding

주택의 진입부
The Entrance Area

안채와 대청과 뒷마루가 만나는 부분
Details of Women's Area house

안채는 ㄱ자형으로 모서리부분 뒷마루의 확장으로
마루의 쓰임새를 높였다.

사랑채 누마루
Rail floor of Men's Area house

안채 대청마루 위의 대들보
Details of ceiling and roof

생활도구 상세
Details of house equipment

주택의 전경
The view of house

주택의 전경
The view of house

주택의 전경
The view of house

진입부 전경
The view of Entrance

입구부분에서 드러나 보이는 충효당의 모습을 엿볼
수 있다.

안동 예안 이씨 종택
경북 안동군 풍산읍 하리동
보물 503호
Yean Yi' s Family house in Antong

Treasure No. 503

안채
Women' s Area house

누다락으로 구성되어진 것에서 실용적인 농가적 특
성을 볼 수 있다.

안 행랑채

Inner Worker' s house

막돌쌓기 기단과 건물의 부재등에서 투박하고 소박
한 구성을 볼 수 있다.

별당인 충효당
The view of Chunghyotang house

3×2칸의 충효당은 안채와 대조적으로 전형적인 양
반가의 구성을 볼 수 있다.

안채 측면
The side view of Women's Area house

안채의 판문
The wooden gate of Women's Area house

사방에 판문을 달아 안채를 둘러 막았다.

안채 뒷면
The rear side view of Women's Area house

반칸 돌출된 부엌벽면에 막돌쌓기한 특이한 구성

사랑채 전경
The view of Men's Area house

　지붕 선과 닮은 뒷산을 배경으로 사랑채가 당당하게
자리하고 있다.

사랑채와 안채의 대조적인 모습
The view of Men' s Area and Women's Area

　사랑채는 개방적으로 마당을 향하고 안채는 폐쇄적
임을 볼 수 있다.

안동 권태응 가옥
경북 안동군 풍천면 가곡동
중요민속자료 제202호
Kweontaeeung house in Antong
Important Folklore Material No.202

행랑채
The Worker's Area house

헛간채 토벽
The view of storage

처마부분의 부재 결합 구조
The details of column top ornanmentation

사랑채 마루에서 뒷뜰을 봄
The view of rear garden

대문간
Entrance

조선조 성종 때인 양소당 김영수의 종택으로 안동 김씨의 본산이다. 전체적인 건물은 조선조 양반주택의 품격과 우아함을 고루 갖춘 건물로서 지방 종가의 위세를 보여준다. 주택의 형식적 특징으로는 팔작지붕의 ㅁ자형을 하고 있으며 사랑채와 안채가 독립되어 있으면서 동시에 연결되어 있는 공간적 미묘함도 보여준다. 안채의 중앙에는 대청을 두었으며 3개의 고주를 높이 올렸고 바깥쪽으로 사랑채를 돌출시켜 배치하였다. 사랑채에는 2칸의 방을 두고 오른쪽 전체를 마루로 하여 제사시 제청으로 활용되기도 하였다.

안동 김씨 종택
Andong Kim's Family house

마루의 방형기둥과 덤벙주초
Details of round column and base

대청의 들개문
The doors of flooring

대청의 연등천정구조
Details of ceiling

판문 상세
Details of wooden door

안동 풍산 김씨 종택
경북 안동군 풍산읍 오미동
경북 민속자료 39호
Pungsan Kim′s Family House in Antong
Kyeongbuk Folklore Material No. 39

담장밖에서의 전경
The view of house

대문간
Entrance

담장의 상세
Details of wall

하부의 막돌쌓기와 상부의 기왓장 엇쌓기가 조합된
담장

사랑채 마루 측면
The side view of Men's Area house

여름철에 나무판문이 모두 개방된다.

휜 부재의 사용
The girder of wooden door

사랑채 마루의 난간과 주초
The railing and base of Men's Area house

부엌간 개구부
The opening of kitchen

측간
Toilet

사랑채 전경
The view of Men's Area house

수수를 말리는 모습

마굿간

현판
Tablet

안동 마령동 기와까치구멍집

안동군 남후면 검암 1리 156-1
경상북도 민속자료 제 69호 . 조선시대(1600년)

Small Cottage at Ma-ryeong-dong, Andong

Kyeongsangbuk-do Province Folklore Material No. 69

Chosun period(around 1600 A.D)

　　남평 문씨(南平 文氏)의 종가로 안동지방의 전형적
인 겹집으로 300년전에 지어진 것으로 까치구멍집으
로는 드물게 기와를 얹었다. 1988년에 임하댐 건설로
수몰된 임동면 마령동에서 현 위치로 이건되었다.

정면 근경
The front view

정면 3칸, 측면 2칸으로 중앙앞쪽에 봉당이 있고 그
뒤쪽으로 마루가 놓였으며 마루의 왼쪽에 안방이, 오
른쪽에 상방이 놓인다. 봉당의 왼쪽에는 부엌이 있고
오른쪽에는 외양간과 그 위에 다락이 있다.

전경
The overall view

　막돌로 기단과 초석을 놓고 모기둥을 세웠는데 벽은
온돌방만 토벽을 치고 나머지는 자귀로 다듬은 두터운
판벽을 사용하였다.

지붕의 합각부분
Details of roof

지붕은 팔작기와지붕으로 합각부분에 집안의 연기
가 나갈 수 있도록 구멍을 내었는데 이를 까치구멍이
라 한다.

측면
The side view

▶ 안동 의촌동 초가 도토마리집과 안동 사월
동 초가 토담집

Thatched House at Uich'on-dong and Thatched
mud-wall House at Sawol-dong, Andong

　1976년 안동댐 건설로 의촌동과 사월동에서 현 위
치로 이건되었다.

◀ 안동 의촌동 초가 도토마리집
안동시 성곡동 산 225-1
경상북도 민속자료 제6호. 조선시대
Thatched House at Uich'on-dong, Andong
Kyeongsangbuk-do Province Folklore Material No.6. Chosun period

　이 지역의 소농가로 전형적인 ─자형 평면이나 웃방
이 '중방' 으로 부엌의 한쪽에 붙어 베틀의 도토마리 모
양과 같다고하여 이름붙여졌다. 봉당집, 까치구멍집과
함께 안동지방의 독특한 민가유형이다. 원래의 위치인
안동시 도산면 의촌리가 안동댐건설로 수몰되게 되면
서 1976년에 이건되었다.

안동 사월동 초가 토담집
안동시 성곡동 산 225-1
경상북도 민속자료 제 14호. 조선시대
Thatched mud-wall House at Sawol-dong, Andong

Kyeongsangbuk-do Province Folklore Material No. 14. Chosun period

안동시 월곡면 사월리에 있던 권영락 선생의 집으로 두꺼운 초가지붕과 토담으로 추위와 더위를 효율적으로 조절할 수 있는 쾌적한 구조이다. 방 셋을 나란히 두고 부엌옆으로 큰방크기 만한 칸에 앞으로도 내어 외양간을 두었다.

창호세부
The detail of Fittings

지례 양동댁

안동군 임하면 임하리 253-1
경상북도 민속자료 제 58호. 조선시대(1663년)
Yangdongtaek House at Chirye-dong, Andong

Kyeongsangbuk-do Province Folklore Material N
Chosun period(1663 A.D.)

　이 집은 지촌(芝村) 김방걸 선생의 중형인 김 방형 선생의 집으로 현종 4년(1663)에 건립되었다. 이후 지곡(芝谷) 김정한 공의 후손인 수산(秀山) 김병종 선생의 집으로 바뀌었다. 임하댐 수몰지역이 된 안동군 임동면 지례동에서 1988년에 이건되었다. 본채는 정면 5칸, 측면 5칸반의 전체적으로 ㅁ자형을 이루며 전면의 왼쪽에 사랑채가 돌출해 있다. 안채는 정면 3칸의 대청을 중심으로 왼쪽으로 모서리에 정면 1칸, 측면 2칸의 도장이 달린 안방이 있고 오른쪽으로 고방과 작은방이 있다.

본채 정면 전경
Panoramic View

대문에서 본 전경
The view from the Enterance gate

사랑채에서 본 일각문
The gate from the view of men's part

본채 근경
The near view of main building

대문에서 본 본채 정면
The Front of main house from the view of enterance gate

사랑채의 가구상세
The aves and top ornarmentation of men's Area

안채와 중정
The women's area and court

북비고택
경상북도 성주군 월항면 대산리 421
경상북도 민속자료 제 44호. 조선시대(1774년)
Bukbikotaek house, Hankae mauel
Province Folklore Material No.45
Chosun Period9(1774 A.D.)

한개마을은 성산 이씨(星山 李氏)가 대부분을 차지하는 성산이씨의 동족마을로 영취산을 배경으로 백천(白川)을 바라보고 있는 그 규모는 크지 않지만 그 형국이 풍수적으로 훌륭하며 경치 또한 빼어난 마을이다. 540여년전 조선시대에 진주목사 이우(李友)가 개척한 이후 그의 후손들이 발전시켜온 마을로 사회문화적으로 유교적 가치관의 영향을 받은 남성중심의 사고와 생활방식이 지배하는 마을로서 주택의 배치에 확연하게 드러나는데, 외부인과 철저하게 분리된 여성만의 공간을 두었다.

북비고택은 사도세자의 호위무관이던 이석문이 사도세자 참사 후 조선 영조 50년(1774년) 세자를 사모하여 북향으로 사립문을 내고 평생을 은거한 집이다. 이 집은 안채, 사랑채, 안행랑채, 사당, 북비댁으로 구성되고 북비댁은 별도의 담장으로 구획된다.

안채는 정면 6칸으로 서쪽부터 건넌방 1칸, 대청 2칸, 안방 2칸, 부엌 1칸으로 구성되는 튼 ㅁ자형 배치이다. 사랑채는 ㄱ자형 배치로 꺾어지는 곳에 부엌을 두고 부엌 오른쪽으로 큰사랑방과 대청을 두고 아래쪽으로 작은 사랑방을 두었다. 큰사랑에는 전퇴를, 서고를 포함하는 작은사랑에는 전후퇴를 두고 이 곳에 누마루 형식으로 난간을 둘렀다.

사랑채- 작은사랑
Secondary Men's Part

사랑채 - 큰 사랑대청
First Men's part

누마루 형식의 작은사랑 구조상
Second men's part of rail floor style

사당 전면
The front view of shrine

사랑채에서 본 안행랑채
Inner servant's house from the view of Men's part

북비고택의 대문
The main enterance

안채 서측벽
west side wall of women´s Part

사랑채 간담
wall of Men´s Part

의성 소계당 전경
The view of Sokyetang House

안채의 단아한 모습
The view of Women's Area house

안채 대청마루 위 연등천정
Ceiling details of Women′s Area house

중문간에서 안채 대청마루를 바라본 모습
The view of Women′s Area from courtyard gate

함양 정병호 가옥
경남 함양군 지곡면 개평리
중요민속자료 186호
Cheongpeongho House in Hamyang
Important Folklore Material No. 186

사랑채 전경
The view of Men's Area house

위풍 당당하게 동향으로 자리잡은 사랑채의 모습

사랑채 누마루를 바라봄
The view of Men's Area house

　누마루의 풍채에서 경남지방 상류주택의 면모를 볼
수 있다.

누마루의 난간부분
Details of rail floor

사랑채 누마루에서 대문간을 바라봄
The view of courtyard

사랑채 대청마루
Inside of Men's Area house

안채와 아랫채
The view of Women's Area

안 사랑마당에서 본 중문
The view of courtyard gate

대문에서 중정을 바라봄
The view of courtyard

대문간의 솟을대문에는 5개의 충신·효자의 정려패
가 걸려있다.

사랑채와 누마루
Men's Part and rail floor

◀함양 허삼둘 가옥
경남 함양군 안의면 금천리
중요민속자료 207호
Heosamdur House in Hamyang
Important Folklore No. 207

안채와 아랫채 사이에 형성된 마당공간
The view of courtyard

사랑채와 행랑채 사이의 샛담
The view of wall

사랑마당과 안마당의 적극적인 분리는 유교의 전통
이 주거에 미친 영향이다.

대청상부 천정구조
Details of ceiling and roof

◀합천 묘산 묵와 고가
경남 합천군 묘산면 화양리
중요민속자료 206호
Mukwa Old House in Hapcheon
Important Folklore Material No. 206

전경
The view of house

자연속에 파묻힌 모습

대청내부
Inside of Men' s Area house

윤영채 가옥(1511)
전북 남원군 주생면 상동리
전북 민속자료 제117호
Yunyeongchae House, 1511 A.D
Cheonbuk Folklore Material No.117

　비교적 건립연대가 오래된 이 가옥은 지붕 수리시 발견된 명문에 1511년이라는 기록이 있어 정확한 연대측정이 가능하다. 초기에는 동대라는 공공건물로 사용되었다고 하며 조선조에는 동헌으로 사용되었다. 김정호의 대동여지도를 보면 이곳의 위치가 정확히 표시되어 있는 점을 보아 이곳이 공공건축인 동헌의 자리였음을 확인케한다. 건물형태는 ㄷ자형으로, 가운데 중정을 두고있으며 주택으로 개조되면서 마루와 방을 적절히 축소 변경한 것으로 보인다. ㄷ자형의 본채는 남향이며 본채의 동,서쪽에 사랑채를 붙였다. 본채의 규모는 4칸으로 3칸의 방과 1칸의 대청으로 이루어져 있다. 지붕은 팔작지붕이다.

본체의 중정부분
The view of Women's Area and courtyard

　중정마당에 화목을 식재하였으며 ㄷ자형 건물로 인
해 외부공간의 폐쇄성이 두드러진다.

본채부분의 마루구조
Details of flooring